AF853661

Les Petites Pommes du Savoir

567
9
BUF

Eric Buffetaut

Les Dinosaures sont-ils un échec de l'évolution ?

Les Petites Pommes du Savoir

Éditions
Le Pommier

DEPARTEMENT DE L'AUDE
B. D. A.
CARCASSONNE

conception graphique :
Atelier Daniel Leprince
relecture : Valérie Gautheron

Le Pommier, 2008
Tous droits réservés
ISSN : 1625-1245
ISBN 13 chiffres : 978-2-7465-0385-4
239, rue Saint-Jacques, 75005 Paris
www.editions-lepommier.fr

Collection développée avec le concours du ministère de la Culture et de la Communication (Centre national du livre et Cité des sciences et de l'industrie), dans le cadre du Fonds Jules-Verne.

« Dinosaure » : voilà un mot qui n'est pas précisément un compliment quand on l'applique à un politicien sur le retour ou à une industrie dépassée et en perte de vitesse. Les dinosaures sont souvent vus comme un symbole d'échec, non seulement parce qu'ils sont éteints, mais aussi parce qu'on les perçoit facilement comme des « ratés » de l'évolution. Trop gros, trop stupides, trop spécialisés, trop étranges, ils auraient été voués à l'extinction. Mais qu'en est-il en réalité ? Comment les paléontologues considèrent-ils les dinosaures et leur place dans l'histoire du monde vivant ? Peut-on encore les considérer comme un « échec » de l'évolution ?

Il importe d'abord de définir de quoi l'on parle. Un dinosaure, ce n'est pas n'importe quel grand « reptile préhistorique ». Selon la définition scientifique des dinosaures, il s'agit d'un groupe d'animaux que l'on peut reconnaître à diverses particularités de leur squelette, qui les distinguent des autres reptiles (suivant les zoologues d'aujourd'hui, le terme « reptile » est d'ailleurs en fait une sorte de « fourre-tout » regroupant des animaux plutôt disparates, pas forcément apparentés de près les uns aux autres). Ce qui distingue les dinosaures de la plupart de leurs « cousins », les crocodiles par exemple, pour citer un groupe d'animaux qui existe encore aujourd'hui, c'est leur appareil locomoteur. Les reptiles actuels se déplacent en rampant, c'est de là qu'ils tirent leur nom. Cette reptation consiste à progresser avec le ventre traînant sur le sol, les pattes écartées du tronc. Il est vrai que les crocodiles, certains lézards et même les tortues peuvent à l'occasion soulever leur corps au-dessus du sol en redressant leurs membres, mais ce n'est pas leur posture la plus fréquente. Au contraire, les dinosaures avaient des membres plus ou moins verticaux, qui tenaient le corps soulevé au-dessus du sol, leur locomotion était donc différente de celle des reptiles que nous connaissons et rappelait sans doute plus celle de certains mammifères ou oiseaux. Il semble que ces possibilités locomotrices aient été une des raisons du succès évolutif des dinosaures (et là, nous ne raisonnons déjà plus en termes d'échec !), car pour des animaux d'une certaine taille elles étaient certainement plus efficaces que la reptation. Elles s'expriment de façon claire dans le squelette – qui est bien sûr ce que nous connaissons surtout des dinosaures –, notamment dans la forme des os des membres et du bassin, et dans les articulations entre ces différents éléments. C'est par ces caractères, parfois assez subtils mais reconnaissables sur les os fossiles, que les paléontologues peuvent décider s'ils ont affaire à un dinosaure.

Les dinosaures furent des animaux essentiellement terrestres. Rien ne permet de penser qu'ils se soient jamais adaptés à la vie dans les mers, et les grands reptiles marins qui vécurent en même temps qu'eux, comme les ichtyosaures, les plésiosaures et les mosasaures, n'étaient pas des dinosaures. De même, les reptiles volants, qui peuplaient les airs à cette époque, n'étaient pas des dinosaures. Cela ne signifie pas pour autant que les dinosaures ne se soient pas lancés à la conquête du ciel, nous y reviendrons.

Les plus anciens restes connus de dinosaures remontent à la période géologique appelée **Trias**, qui débuta il y a environ 250 millions d'années. Ils ont été trouvés dans des roches déposées assez tard au cours de cette période, il y a quelque 230 millions d'années. Les derniers dinosaures, au sens propre du terme (nous verrons plus loin le sens de cette restriction), se sont éteints à la fin du **Crétacé**, période géologique qui se termina il y a 65 millions d'années. Ils ont donc vécu pendant la dernière partie du Trias, tout le Jurassique et tout le Crétacé, soit la plus grande partie de l'**ère mésozoïque** (ou « ère secondaire », comme on disait autrefois), c'est-à-dire quelque 165 millions d'années – ce qui n'est pas trop mal pour des « ratés ». Rappelons que l'espèce humaine actuelle, *Homo sapiens*, n'existe que depuis environ cent mille ans – et rappelons aussi que les dinosaures ne constituent pas une seule espèce, mais un très grand nombre d'espèces s'étant succédé dans le temps, ce qui relativise la comparaison.

Des reptiles supérieurs à ceux d'aujourd'hui, ou des monstres inadaptés ?

Les premiers restes de dinosaures à avoir reçu l'attention des paléontologues ne furent pas interprétés comme tels. Georges Cuvier, au début du XIXe siècle, ayant entre les mains des vertèbres de dinosaure trouvées en Normandie, y voit celles d'un crocodile d'un type particulier. En 1824, William Buckland décrit des restes trouvés près d'Oxford sous le nom de *Megalosaurus*, « grand lézard », et c'est bien sous l'aspect d'un énorme lézard qu'on se représente à l'époque ce premier dinosaure à avoir reçu un nom scientifique. L'année suivante, Gideon Mantell décrit des dents provenant du sud de l'Angleterre sous le nom d'*Iguanodon*, « dent d'iguane », et les premières reconstitutions qu'il en donne figurent un iguane démesuré.

Toutefois, lorsque, en 1842, Richard Owen propose le nom de *Dinosauria*, à savoir « reptiles terriblement grands », il n'y voit plus simplement des versions très agrandies de nos lézards actuels. Pour lui, les dinosaures sont à certains égards supérieurs aux reptiles actuels, notamment parce que la structure de leurs membres et de leur bassin leur permettait d'adopter une posture redressée, le tronc soutenu au-dessus du sol, qui évoque les grands mammifères actuels – ce qui ressort fort bien des reconstitutions effectuées sous sa direction, qui montrent de lourds quadrupèdes ressemblant quelque peu à des rhinocéros. Vers le milieu du XIXe siècle, au moment où commence à s'imposer la théorie de l'évolution de Charles Darwin, on peut donc considérer les reptiles un peu chétifs d'aujourd'hui comme des formes plutôt dégénérées par rapport aux grands dinosaures d'autrefois.

Mais à mesure que les découvertes paléontologiques permettent d'obtenir une image plus précise des dinosaures, cette image devient à certains égards moins glorieuse. Les squelettes plus ou moins complets découverts dans l'Ouest américain durant le dernier quart du XIXe siècle révèlent à la fois la diversité et l'étrangeté des dinosaures : sauropodes longs de plus de vingt mètres mais à la tête minuscule, stégosaures hérissés de plaques osseuses, cératopsiens à l'énorme crâne cornu provoquent l'enthousiasme des chercheurs et du public, mais suscitent bien des interrogations quant au mode de vie et au destin ultime de ces « monstres ». Car telle est l'image qui s'impose alors : les dinosaures ont été à certains égards des anomalies de l'évolution.

Plusieurs arguments incitent alors à les voir ainsi. Les paléontologues de la fin du XIXe siècle sont frappés par la très petite taille du cerveau des dinosaures par rapport aux énormes dimensions du corps de beaucoup d'entre eux. Pour l'espèce à gros cerveau que nous sommes, cela suggère des capacités intellectuelles plus que limitées.

Le gigantisme lui-même est vu comme un handicap, on a peine à imaginer comment des animaux longs parfois de près de trente mètres et qui doivent avoir pesé des dizaines de tonnes pouvaient se déplacer sur la terre ferme, même avec des membres puissants. D'où l'idée que les plus gros d'entre eux, les sauropodes au long cou et à la longue queue, passaient le plus clair de leur temps immergés dans des lacs ou des marais, où la poussée d'Archimède les aidait à soutenir leur énorme masse, leur long cou leur permettant de respirer à la surface. D'innombrables reconstitutions, jusqu'aux années 1960, montrent ces sauropodes semi-aquatiques. En 1951, pourtant, le paléontologue britannique Kenneth Kermack montre, par un calcul simple, que si ces animaux s'étaient ainsi trouvés immergés à quelques mètres de profondeur, la pression de l'eau sur leur cage thoracique aurait interdit la respiration !

Chez d'autres dinosaures, certes moins gigantesques que les sauropodes mais néanmoins de taille plus que respectable, c'est le développement de structures osseuses apparemment exubérantes qui suscite alors l'étonnement : grandes plaques et épines le long du dos et de la queue chez les stégosaures, cuirasse des ankylosaures, collerettes et cornes des cératopsiens, boîte crânienne épaissie des pachycéphalosaures, tubes et crêtes ornant le crâne de certains hadrosaures... Tout cela évoque pour les paléontologues de cette époque une évolution exubérante, devenue un peu folle, ayant produit des êtres énormes, peu intelligents et hyperspécialisés dont le destin a été sombre, puisqu'ils se sont éteints sans descendance. De telles interprétations sont envisageables durant la première moitié du XXe siècle, période durant laquelle nombre de paléontologues, sans rejeter l'évolution, s'écartent profondément des conceptions darwinistes de sélection naturelle et d'adaptation au milieu. L'évolution, pense-t-on alors, n'étant pas nécessairement guidée par la main de fer de la « survie du plus apte », peut s'engager dans des culs-de-sac et produire des êtres mal adaptés à leur environnement, montrant des caractères exagérés et, pour ainsi dire, monstrueux. Le terme d'« hypertélie » est forgé pour désigner ces aberrations de l'évolution, et on a tendance à voir un peu partout de tels phénomènes hypertéliques, depuis les bois immenses de *Megaloceros*, le grand cerf des tourbières irlandaises disparu il y a quelques millénaires, jusqu'aux coquilles déroulées, et non spiralées, de certaines ammonites, mollusques céphalopodes qui vivaient dans les mers du Crétacé. Les dinosaures, réputés énormes, stupides et monstrueux, paraissent fournir un exemple de choix d'un tel phénomène.

Vers le milieu du XXe siècle, l'image que les paléontologues se font des dinosaures est donc souvent celle de créatures bizarres, qui ont pu dominer les continents pendant un certain temps, mais qui se sont engagées sur des voies évolutives qui devaient les mener à leur perte. À une époque où on se passionne volontiers pour les grandes transitions qui ont marqué l'histoire des êtres vivants (des poissons aux amphibiens, des amphibiens aux reptiles, des reptiles aux mammifères, etc., jusqu'à l'espèce humaine), les dinosaures, dont on pense qu'ils se sont éteints sans descendance, sont volontiers vus comme un épisode plutôt accessoire du roman de la vie. « L'exubérance de la vie végétative » : c'est ainsi qu'est qualifié leur règne dans le volume du *Traité de paléontologie* qui traite de ces animaux, publié en 1955 sous la direction de Jean Piveteau, éminent paléontologue de l'époque. Les dinosaures apparaissent comme les ratés de l'évolution par rapport aux mammifères qui en constituent l'apogée, avec l'homme comme couronnement suprême.

Une extinction inévitable ?

La disparition des « grands reptiles » du Mésozoïque a depuis longtemps attiré l'attention des paléontologues. Il est assez vite devenu clair que les derniers d'entre eux se sont éteints à la fin du Crétacé, soit, suivant les datations modernes, il y a 65 millions d'années. Les explications n'ont pas manqué pour expliquer la disparition des dinosaures, on en recense des dizaines, dont certaines n'ont guère convaincu que leur propre auteur. Parmi celles qui ont rencontré un certain succès, certaines font appel à des causes internes : les dinosaures auraient été victimes de cette évolution exagérée et non-adaptative évoquée plus haut, qui les aurait inexorablement conduits à leur perte, par une sorte de sénilité au niveau de tout un groupe zoologique. D'autres font appel à des changements de l'environnement auxquels les dinosaures, trop spécialisés, n'auraient pas pu s'adapter. Considérés le plus souvent comme des sortes de lézards hypertrophiés, ils auraient été des **animaux à sang froid** (c'est-à-dire à température corporelle variable en fonction de celle du milieu) et n'auraient pu vivre, à l'instar des gros reptiles actuels, que sous des climats chauds. Une dégradation du climat un tant soit peu marquée, causée par exemple par une baisse du niveau des mers, leur aurait donc été fatale. D'où l'image des dinosaures privés, à la fin du Crétacé, des marécages tropicaux où ils s'ébattaient par l'installation d'un climat plus frais (ou plus chaud) et moins humide. Incapables de s'adapter à de tels changements, ils auraient succombé.

Toujours dans le registre de l'infériorité biologique des dinosaures, on les voit aussi comme les perdants dans la lutte pour l'existence face à des mammifères forcément plus malins et adaptables qu'eux. Comme il est quand même difficile d'envisager des conflits directs et généralisés entre les dinosaures et les mammifères du Mésozoïque, dont les plus gros ne dépassaient guère la taille d'un blaireau, on imagine que ces derniers trouvaient les œufs des grands reptiles très à leur goût et ont ainsi exterminé leurs énormes concurrents en avalant leur progéniture.

Toutes ces hypothèses ont un point commun : elles supposent que les dinosaures étaient des colosses aux pieds d'argile, qui souffraient en réalité d'une incapacité congénitale à s'adapter à des conditions nouvelles et étaient donc voués à l'extinction, même s'il leur fut donné de dominer le monde pendant un temps…

Pas si bêtes ?

C'est vers la fin des années 1960 que commence à changer notre perception des dinosaures, sous l'influence en particulier du paléontologue américain John Ostrom. Décrivant *Deinonychus antirrhopus*, un dinosaure carnivore de taille plutôt modeste récemment découvert dans l'Ouest américain, il n'y voit pas une grosse brute stupide, mais plutôt un prédateur agile, rapide et efficace. Fort de cette constatation, il commence à voir les dinosaures sous un jour nouveau : loin d'être les monstres apathiques et amphibies que montrent encore de nombreuses reconstitutions de cette époque, ce sont des animaux actifs, vivant parfois en groupes et pouvant se déplacer rapidement sur la terre ferme. Commence ensuite ce qu'on appelé la

« renaissance des dinosaures », avec à sa tête un autre paléontologue américain, Robert Bakker, moins mesuré qu'Ostrom et dont certaines interprétations feront frémir les paléontologues plus conventionnels.

Une des révolutions conceptuelles des années 1970 et 1980 consiste à ne plus voir dans les dinosaures de simples versions agrandies des reptiles d'aujourd'hui. Les « dinosaures à sang chaud » font alors couler beaucoup d'encre et les controverses font rage à cet égard. Car là est la question : s'ils n'étaient pas aussi lents et inactifs qu'on l'a longtemps cru, ne serait-ce pas parce que les dinosaures avaient un métabolisme différent de celui des tortues, lézards et autres crocodiles ? N'étaient-ils pas capables de maintenir leur température corporelle à un niveau constant, comme le font les oiseaux et les mammifères, ce qui aurait rendu possibles de meilleures performances dans les domaines de la locomotion et du comportement ?

Mais comment prendre la température d'animaux disparus depuis des dizaines de millions d'années ? Seuls les fossiles peuvent éventuellement nous renseigner, encore faut-il les faire parler. Diverses approches ingénieuses sont utilisées dans ce but. On peut ainsi examiner, dans un site donné, le rapport entre le nombre de prédateurs et le nombre de proies. Un carnivore à sang froid, un crocodile par exemple, aura besoin pour survivre de consommer moins de proies, des gazelles par exemple, qu'un prédateur à sang chaud tel qu'un lion. La raison en est simple : le lion a besoin de se nourrir plus souvent pour maintenir sa température constante. Le crocodile n'a pas la même contrainte et peut se contenter de repas plus espacés. Peut-on évaluer ce rapport prédateurs/proies chez des animaux disparus, par exemple en comptant les fossiles des deux types recueillis dans un gisement ? Robert Bakker le pense, et affirme que ce rapport chez les dinosaures rappelle plus celui des animaux à sang chaud que celui des reptiles typiques.

Une autre approche consiste à aller chercher l'information au cœur même des os fossilisés. Au cours de son développement, les os d'un animal enregistrent les étapes de sa croissance. L'étude au microscope du tissu osseux (on parle d'**histologie osseuse**) permet de les reconstituer, et cela même sur des fossiles. Un animal à sang froid ne montre pas à cet égard le même type de croissance qu'un animal à sang chaud : parce que la température de son corps varie en fonction des fluctuations de celle du milieu, sa croissance est moins régulière que celle d'un animal qui maintient sa température à un niveau constant. De même qu'un tronc d'arbre scié montre des anneaux successifs qui correspondent à des périodes de croissance plus ou moins rapide, en fonction de la saison plus ou moins favorable, l'os d'un reptile actuel présente des zones de développement plus ralenti lorsque les conditions climatiques sont moins bonnes pour l'animal. Chez un mammifère, ce phénomène est beaucoup moins marqué car l'organisme, à température stable, est moins sensible à de telles fluctuations de l'environnement. En outre, ses os présentent des remaniements de leur microstructure bien plus importants que ceux d'un reptile. L'examen de la microstructure des os de divers dinosaures révèle un type de croissance qui rappelle plus celle des animaux à sang chaud que celle des reptiles d'aujourd'hui, même si des anneaux de croissance sont parfois visibles. Il semble notamment que beaucoup de dinosaures avaient une croissance rapide dans les premières années de leur existence. Même les plus gros d'entre eux ne mettaient donc pas des siècles à atteindre leur taille adulte, contrairement à ce que l'on avait pu supposer en leur attribuant des taux de croissance semblables à celui d'un crocodile. De tels résultats apportent donc de l'eau au moulin des partisans des dinosaures à sang chaud.

Depuis quelques années, une approche nouvelle a apporté des éléments supplémentaires au débat : la **géochimie isotopique** permet en effet des estimations de la température corporelle d'animaux disparus. Elle utilise pour cela une sorte de thermomètre paléontologique, fourni par les **isotopes** de l'oxygène, c'est-à-dire des variétés de cet élément qui diffèrent par le nombre de neutrons dans leur noyau atomique. Le rapport entre deux de ces isotopes, ^{16}O (oxygène 16) et ^{18}O (oxygène 18), peut être mesuré dans des dents et os fossiles pour donner des indications sur la température corporelle de l'organisme. En effet, lorsqu'un animal « fabrique » ses tissus osseux, les proportions dans lesquelles ces deux isotopes y sont incorporés dépendent de la température du corps. De ce fait, les os et les dents d'un animal à sang chaud et d'un animal à sang froid vivant dans le même environnement n'ont pas la même composition isotopique, car le premier est capable de maintenir une température corporelle indépendante de celle du milieu, ce que ne peut faire le second. L'approche utilisée consiste à mesurer la composition isotopique de l'oxygène dans des restes fossiles de dinosaures et d'autres animaux (crocodiles, tortues) trouvés dans un même site et ayant donc très probablement vécu dans le même environnement. On peut supposer que les tortues et les crocodiles du passé avaient les mêmes caractéristiques physiologiques d'animaux à température variable que leurs représentants actuels. Mais qu'en est-il des dinosaures ? Des travaux récents, dus notamment à Romain Amiot à l'université de Lyon, portant sur de nombreux sites du Crétacé, révèlent des différences constantes et significatives dans la composition isotopique de l'oxygène entre les dinosaures d'une part, les tortues et les crocodiles d'autre part. Plus notable encore, ces différences sont très semblables à celles qu'on observe aujourd'hui entre les mammifères, animaux à sang chaud par excellence, et les reptiles à sang froid tels que les crocodiles et les stortues. Tout porte donc à croire que les dinosaures avaient une physiologie différente de celle des reptiles « ordinaires », qui leur permettait de maintenir leur corps à une température relativement constante en dépit des fluctuations de celle du milieu, ce que tortues et crocodiles sont incapables de faire. La géochimie isotopique apporte donc elle aussi son soutien à l'hypothèse des dinosaures à sang chaud.

Il faut admettre que des incertitudes demeurent quant au type de physiologie des dinosaures – il n'a pas forcément d'équivalent exact dans le monde actuel. En outre, il est peu probable que tous aient eu exactement le même métabolisme – une minuscule espèce de la taille d'un merle ne « fonctionnait » sans doute pas de la même façon qu'un brachiosaure pesant plusieurs dizaines de tonnes. Il n'en reste pas moins qu'il y a de très bonnes raisons de penser que beaucoup de dinosaures étaient capables de maintenir leur température corporelle à un niveau constant, et cela en dépit des variations de leur environnement. Cette faculté permet d'expliquer leur présence en des lieux peu propices aux reptiles « ordinaires ». On a notamment découvert sur la côte nord de l'Alaska des gisements contenant de nombreux restes de dinosaures, appartenant à diverses espèces, qui vivaient là, à une très haute latitude, un peu avant la fin du Crétacé. L'environnement n'y était certes pas aussi rude que celui d'aujourd'hui, mais le climat n'avait rien de tropical. C'est dans un paysage tempéré de forêts de conifères qu'il faut se représenter ces dinosaures. Le fait que les sites à dinosaures d'Alaska n'aient pas livré de restes de crocodiles montre que le climat y était trop rigoureux pour ces reptiles à sang froid. Les dinosaures pouvaient y prospérer car ils étaient capables de conserver une température corporelle constante. Que faisaient-ils lorsqu'arrivait la nuit polaire, avec ses mois d'obscurité et des ressources alimentaires réduites ? La question reste posée, il n'est pas exclu que certaines espèces se soient livrées à de longues migrations, comme le font aujourd'hui certains mammifères herbivores des régions arctiques, comme les rennes.

Allant de pair avec cette réinterprétation de la physiologie des dinosaures, une image nouvelle de ce groupe d'animaux s'est imposée aux paléontologues. Finis les gros reptiles amorphes vautrés dans des marécages ! Les dinosaures tels qu'on se les représente aujourd'hui sont des êtres actifs, bien adaptés à la vie sur la terre ferme. Même si les plus énormes ou les plus cuirassés d'entre eux n'étaient sans doute pas bâtis pour la course, d'autres, plus graciles, pouvaient faire preuve de rapidité et d'agilité. Même la réputation de stupidité, qui est longtemps restée attachée aux dinosaures, n'est plus de mise. Estimer les capacités intellectuelles d'animaux disparus n'est certes pas chose facile, d'autant qu'on ne considère plus aujourd'hui que la taille (absolue ou relative) du cerveau soit un très bon guide en la matière. Les dinosaures montrent d'ailleurs une certaine diversité de ce point de vue, certains petits carnivores étaient assez bien dotés à cet égard. Il est plus utile d'examiner les indices fossiles qui peuvent permettre de reconstituer des comportements. Ainsi, certaines pistes ont apparemment été laissées par des animaux qui se déplaçaient en troupeaux, ce qui suppose des comportements sociaux. Dans un autre registre, certaines pontes de dinosaures révèlent que divers dinosaures prenaient soin de leur progéniture. On a ainsi trouvé en Mongolie et en Chine des squelettes d'oviraptorosaures, dinosaures proches des oiseaux, accroupis au centre d'un cercle formé par leurs œufs, leurs membres antérieurs déployés les protégeant. D'autres types de comportements parentaux ont été signalés, notamment chez les hadrosaures, ou dinosaures à bec de canard, dont les jeunes seraient demeurés assez longtemps dans des « nids » creusés dans le sol, où les parents les nourrissaient de plantes. Peut-être certains paléontologues se sont-ils laissé un peu emporter par leur imagination au sujet de ces supposés soins prodigués à la progéniture, mais il n'en reste pas moins que l'existence de comportements parentaux est attestée chez ces animaux – il est vrai que les crocodiles aussi surveillent leurs pontes et s'occupent de leurs petits à la naissance !

Comme on le voit, l'image que les paléontologues se font des dinosaures a bien changé en quelques décennies. Les monstres plutôt stupides d'antan ont fait place à des êtres beaucoup plus dynamiques et adaptables. Dans leur admiration pour les « nouveaux dinosaures », certains sont peut-être allés un peu loin, et quelques reconstitutions récentes donnent presque dans l'anthropomorphisme et la mièvrerie, surtout lorsqu'il s'agit des soins touchants que les parents dinosaures sont censés avoir prodigués à leur rejetons… Néanmoins, nos conceptions actuelles sur ces animaux permettent de comprendre plus facilement comment ils ont pu dominer les faunes continentales pendant plus de 150 millions d'années. Car, qu'on le veuille ou non, rien que du point de vue de la durée, l'histoire des dinosaures peut être considérée comme une *success story*.

Une fin tragique ?

Reste cependant à comprendre comment cette histoire a pris fin. Si les dinosaures constituent un remarquable succès de l'évolution, pourquoi se sont-ils éteints il y a 65 millions d'années ? Les vieilles hypothèses qui leur prêtaient une sorte d'infériorité congénitale, une incapacité à s'adapter aux changements du milieu, n'ont plus cours. Il a donc fallu trouver autre chose. La solution n'est d'ailleurs pas venue de l'étude des dinosaures eux-mêmes, mais de la découverte d'indices d'un événement heureusement assez rare dans l'histoire de la Terre : l'impact d'une énorme météorite.

Lorsqu'un groupe de chercheurs américains annonce la découverte de ces indices, et en tire les conclusions qui s'imposent, en

1980, le retentissement dans la communauté scientifique – et aussi dans le grand public – est considérable. Sceptiques et convaincus se lancent alors dans une controverse scientifique pour le moins vive, qui n'est pas encore complètement éteinte aujourd'hui, même si les adversaires de l'hypothèse météoritique se font de moins en moins nombreux.

Le premier indice de cette catastrophe d'origine extraterrestre est la découverte d'un remarquable enrichissement en iridium dans une mince couche d'argile formée il y a environ 65 millions d'années et marquant la limite entre les roches du Crétacé et celles du Tertiaire dans de nombreux sites dans le monde – la première découverte a été effectuée près de Gubbio, en Italie. L'**iridium** est un métal du groupe du platine qui est extrêmement rare dans les roches constituant la croûte terrestre. On le trouve cependant en nettement plus grande abondance dans certains types de météorites. Pour expliquer le pic d'iridium constaté à la limite Crétacé-

Tertiaire, Luis Alvarez, Walter Alvarez, Frank Asaro et Helen Michel, de l'université de Californie à Berkeley, font appel en 1980 à la collision avec notre planète d'une météorite d'un diamètre d'une dizaine de kilomètres qui aurait introduit dans le milieu terrestre une quantité considérable d'iridium. Certains sceptiques ayant fait remarquer que l'iridium pouvait aussi provenir des profondeurs de la Terre et avoir été apporté en surface par des éruptions volcaniques, on cherche – et on trouve – alors des indices supplémentaires de l'impact. Il s'agit notamment de grains de quartz présentant dans leur structure cristalline des déformations témoignant de pressions brutales et très élevées, que l'on rencontre dans l'argile de la limite Crétacé-Tertiaire. On ne connaît que deux types d'événements susceptibles de produire de tels « quartz choqués » : les explosions nucléaires (improbables à la fin du Crétacé !) et les impacts de météorites. Autre indice particulièrement probant, mis en évidence au Commissariat à l'énergie atomique par Eric Robin, Robert Rocchia et leurs collaborateurs : le niveau argileux marquant la limite entre le Crétacé et le Tertiaire contient des minéraux magnétiques très particuliers, les spinelles nickelifères, qui se forment uniquement lorsque la surface d'une météorite s'oxyde dans les conditions physico-chimiques très particulières qui règnent lors de la traversée de l'atmosphère. Les spinelles nickelifères sont donc des restes de la météorite elle-même.

Vers la fin des années 1980, le doute ne paraît donc plus permis : il y a 65 millions d'années, une énorme météorite est entrée en collision avec la Terre, et on retrouve les retombées de cet événement dans le monde entier. Un problème demeure, cependant : à partir d'une certaine taille, une météorite qui heurte la surface terrestre explose en laissant un cratère, dont le diamètre est proportionnel à celui de l'objet extraterrestre. On connaît à la surface du globe des dizaines de tels cratères, dont l'origine météoritique est bien établie. Une météorite d'un diamètre estimé à une dizaine de kilomètres doit avoir formé un cratère d'environ 200 kilomètres de diamètre. Une telle structure géologique ne passe pas inaperçue, même si elle s'est formée il y a 65 millions d'années et a donc eu largement le temps de subir les vicissitudes de l'érosion et autres phénomènes géologiques. Ce n'est qu'au début des années 1990 que le cratère formé par l'impact de la limite Crétacé-Tertiaire est localisé, par des moyens géophysiques et des sondages, sous la forme d'une vaste structure annulaire d'environ 200 kilomètres de diamètre enfouie sous une grande épaisseur de sédiments plus récents, à cheval sur le golfe du Mexique et la péninsule du Yucatán. Ce cratère de Chicxulub, du nom maya d'une localité de la région, suscite d'abord quelques controverses, mais on peut montrer qu'il s'est bien formé à la fin du Crétacé et que certains minéraux retrouvés dans l'argile de la limite Crétacé-Tertiaire fort loin du Mexique, dans l'ouest de l'Amérique du Nord, en proviennent. Même si certains géologues mènent encore un combat d'arrière-garde contre cette interprétation, l'opinion suivant laquelle le cratère de Chicxulub est bien le résultat de l'impact météoritique survenu il y a 65 millions d'années s'est imposée.

Reste à comprendre comment cette catastrophe d'origine extraterrestre a pu provoquer la grande vague d'extinctions qui marque la fin du Crétacé, et qui n'affecte pas seulement les dinosaures mais aussi nombre d'autres êtres vivants, dans les mers comme sur les continents. On estime qu'environ 70 % des espèces vivantes ont alors disparu. Parmi les victimes, on compte les ptérosaures (reptiles volants), les mosasaures et les plésiosaures (reptiles marins), les ammonites et les bélemnites (mollusques marins). Outre les groupes qui disparaissent totalement, d'autres survivent à peine, leurs espèces étant décimées. Le plancton marin, par exemple, enregistre à cette époque une énorme chute de diversité. Si l'on conçoit aisément qu'un impact ayant libéré cinq milliards de fois l'énergie de la bombe atomique d'Hiroshima ait tout anéanti dans un rayon de plusieurs centaines, voire milliers, de kilomètres, comment cet événement a-t-il pu provoquer la disparition de tant d'espèces à l'échelle de la planète entière ? Dès l'article initial de 1980, une explication est avancée : c'est la quantité immense de poussière injectée dans l'atmosphère par l'impact, résultant de la pulvérisation de la météorite et des roches du point d'impact, qui a provoqué un désastre écologique mondial. Cette énorme masse de matière réduite en poussière, projetée à très haute altitude, a été ensuite dispersée par les circulations atmosphériques pour former un nuage enveloppant toute la planète et suffisamment dense pour filtrer sévèrement la lumière du soleil. Même s'il est difficile d'évaluer précisément la durée du phénomène, la surface de la Terre a dû se trouver plongée dans une obscurité ayant persisté des mois ou des années avant que la poussière en suspension dans l'atmosphère ne finisse de se déposer à la surface du globe. Il n'est pas nécessaire d'envisager les conditions apocalyptiques supposées par certains scénarios extrêmes, avec embrasement mondial des forêts, pluies acides généralisées et « hiver nucléaire » sans guerre atomique, pour rendre compte des extinctions de la fin du Crétacé. Le manque de lumière fut catastrophique pour les organismes qui dépendaient pour leur existence de la photosynthèse. Un dépérissement généralisé des plantes, mais aussi, dans les océans, du plancton végétal, peut être considéré comme la conséquence inévitable du manque de lumière. C'est ce que montrent les données paléontologiques : dans les sédiments marins, l'arrivée des marqueurs extraterrestres coïncide avec l'effondrement de la productivité biologique de l'océan, reflétée par la diminution drastique de la quantité des coquilles microscopiques des organismes planctoniques. La réduction catastrophique de l'activité photosynthétique a provoqué l'effondrement des pyramides alimentaires fondées sur le phytoplancton, et cela jusqu'à leur sommet, avec les grands prédateurs qu'étaient les reptiles marins. Le tableau est le même sur les continents. En divers endroits du monde, de l'Ouest américain jusqu'à la Nouvelle-Zélande, les grains de pollen et les spores conservés dans les sédiments de la limite Crétacé-Tertiaire racontent la même histoire : au niveau où l'on trouve les marqueurs de l'impact, une crise profonde de la végétation se manifeste. Les plantes à fleurs, en particulier, disparaissent temporairement, remplacées par les champignons et les fougères, avant de reconquérir les espaces dévastés par le manque de lumière. Mais là où les plantes ont pu survivre aux conditions les plus défavorables, grâce aux spores, aux rhizomes et aux graines, pour ensuite « renaître de leurs cendres », les animaux n'ont pas eu cette chance. Privés trop longtemps d'une nourriture suffisante, les herbivores, dinosaures en tête, n'ont pu survivre. L'effondrement de la pyramide alimentaire à sa base végétale est aussi complet sur les continents que dans les océans, et après les herbivores, les dinosaures carnivores, privés de leurs proies, ne peuvent que disparaître. Sur les terres ne subsistent que les petits animaux (mammifères, lézards…) se nourrissant de vers et d'insectes qui eux-mêmes trouvent leur alimentation dans la matière organique de l'humus et du sol plutôt que dans des végétaux vivants. Les habitants des eaux douces, jusqu'aux tortues et aux crocodiles, résistent bien eux aussi, car ils appartiennent à des chaînes alimentaires ayant pour base la matière organique en suspension dans l'eau.

Il serait excessivement optimiste de penser que nous savons tout, désormais, de l'extinction en masse survenue il y a 65 millions d'années. Beaucoup de recherches restent à faire pour comprendre en détail comment on passe de l'événement physique quasi instantané qu'est l'impact météoritique, qui ne fait plus le moindre doute, au phénomène biologique qu'est l'extinction de tant de groupes d'organismes. Mais pour ce qui nous concerne, la mise en évidence d'une catastrophe cosmique à la fin du Crétacé nous oblige à réinterpréter toute la problématique de la disparition des dinosaures. Il n'est plus possible de les considérer comme voués à la disparition du fait d'une sorte d'inadaptation congénitale ou d'une évolution sans issue, ou même comme des victimes de la concurrence d'êtres plus brillants qu'eux dans la lutte pour l'existence. La catastrophe cosmique de la limite Crétacé-Tertiaire n'a certes pas suspendu les règles inexorables de la sélection naturelle, mais elle leur a donné un champ d'application inattendu et accidentel. Pour survivre aux conditions environnementales extrêmement rigoureuses qui régnèrent pendant un temps (géologiquement très bref) après l'impact de Chicxulub, être bien adapté aux milieux de la fin du Crétacé n'a servi à rien – seuls ceux qui faisaient partie de certaines chaînes alimentaires relativement peu affectées par les effets de la catastrophe ont pu résister à de tels bouleversements et donner naissance au monde vivant du Tertiaire, dont nous sommes les héritiers directs. Les dinosaures n'ont pas été victimes d'une dégradation graduelle de leur environnement, d'une baisse du niveau des mers ou d'un refroidissement climatique, comme on se plaisait à l'imaginer il y a encore une trentaine d'années. Au cours de leur longue histoire, ils ont résisté sans difficulté à maintes vicissitudes de ce genre. C'est un événement beaucoup plus inhabituel qui les a exterminés.

Vue sous cet angle, la disparition des dinosaures apparaît beaucoup plus comme un accident que comme une fatalité. Si échec il y eut, il paraît difficile de l'imputer aux processus évolutifs qui avaient fait des dinosaures ce qu'ils étaient. L'**évolution par sélection naturelle** conduit les organismes à s'adapter au milieu dans lequel ils vivent et aux transformations généralement graduelles que subit ce milieu. Même si elle peut à l'occasion être rapide, en termes de durées géologiques, elle ne peut guère apporter une réponse à des événements catastrophiques qui, dans le cas de la crise de la fin du Crétacé, n'ont sans doute duré que quelques années ou décennies, mais avec une intensité d'autant plus violente. La fin tragique des dinosaures ne fait pas d'eux un échec de l'évolution – et cela d'autant moins que tout porte à croire qu'ils ne se sont pas éteints sans descendance, et donc qu'ils n'ont pas véritablement disparu.

Des dinosaures modernes : les oiseaux

En 1861, le paléontologue allemand Hermann von Meyer fait connaître un curieux fossile pourvu de plumes, trouvé dans les calcaires du Jurassique supérieur de Bavière, qu'il nomme *Archaeopteryx lithographica.* C'est alors, et c'est encore aujourd'hui, le plus ancien oiseau connu, remontant à environ 150 millions d'années, et ce vieux volatile montre dans son squelette de nombreux caractères qui évoquent fortement les reptiles : des dents aux mâchoires, des griffes aux ailes, une longue queue formée de nombreuses vertèbres… Dans le contexte nouveau et controversé de la théorie de l'évolution – Charles Darwin a publié son *Origine des espèces* en 1859 –, la question de l'origine des oiseaux se pose avec acuité. Au terme d'un travail approfondi d'anatomie comparée, Thomas Huxley, ami et défenseur de Darwin, conclut que les plus proches parents des oiseaux sont les dinosaures. Nombre de **caractères ostéologiques** (se rapportant au squelette) rapprochent en effet ces deux groupes d'animaux apparemment si différents. De ce fait, nombre de paléontologues éminents de la fin du XIXe siècle sont acquis à cette idée. Dans les années 1920, cependant, l'ornithologue danois Gerhard Heilmann fait remarquer que si les oiseaux possèdent des clavicules (fusionnées pour former cet os en forme d'Y, la « fourchette », que quiconque a découpé un poulet connaît bien), les dinosaures en sont dépourvus, ayant perdu ces os au cours de leur histoire évolutive. Or, l'évolution ne revient pas en arrière, un os qui a disparu ne peut réapparaître. De ce fait, les oiseaux ne peuvent avoir pour ancêtres les dinosaures, il faut chercher ces ancêtres chez des reptiles plus anciens et moins évolués, qui possédaient encore des clavicules. L'argumentation de Heilmann paraît irréfutable et, dès lors, les paléontologues dans leur ensemble écartent les dinosaures de l'ascendance des oiseaux, n'y voyant plus que des cousins relativement éloignés.

Dans les années 1970, néanmoins, la question de l'origine des oiseaux revient au premier plan, grâce, là encore, aux travaux de John Ostrom, qui souligne combien certains petits dinosaures carnivores ressemblent dans les détails de leur squelette aux oiseaux, et notamment au plus ancien d'entre eux, *Archaeopteryx*. Les descriptions de nouveaux spécimens de cet oiseau primitif par le paléontologue bavarois Peter Wellnhofer vont dans le même sens : le fossé entre dinosaures et oiseaux se comble de plus en plus. Lorsque l'objection apparemment insurmontable de Heilmann disparaît, avec la découverte de clavicules chez nombre de dinosaures, rien ne paraît plus s'opposer à voir de nouveau dans ceux-ci le groupe dans lequel s'enracinent les oiseaux.

Pour couronner le tout, à partir de 1996, des paléontologues chinois révèlent à la communauté scientifique d'extraordinaires spécimens de petits dinosaures, découverts dans des dépôts lacustres crétacés du nord-est de la Chine, qui montrent non seulement le squelette, mais aussi les traces de parties plus périssables, comme la peau. Et nombre de ces dinosaures, datant d'environ 125 millions d'années, portent des plumes ! Dans certains cas, il s'agit de simples filaments dont on peut discuter la nature exacte, mais d'autres sont des structures ramifiées, très similaires parfois aux plumes complexes des oiseaux d'aujourd'hui. La plume n'est donc plus leur apanage, certains dinosaures en étaient couverts, et comme il est hautement invraisemblable qu'un organe aussi complexe dans son organisation soit apparu indépendamment à plusieurs reprises, l'idée d'une très étroite parenté entre les oiseaux et les petits dinosaures carnivores qui leur ressemblent par leur squelette se trouve puissamment renforcée. Qui plus est, en 2003, les paléontologues chinois Xu Xing, Zhou Zhonghe, Wang Xiaolin, Kuang Xuewen, Zhang Fucheng et Du Xiangke décrivent *Microraptor gui*, un petit dinosaure pourvu de longues plumes aux pattes de devant et de derrière et qui pouvait de ce fait planer au moyen de quatre ailes. Tout porte à croire que les oiseaux ont eu pour ancêtres de petits dinosaures carnivores arboricoles emplumés et planeurs qui, au fil de l'évolution, ont donné naissance à des animaux à seulement deux ailes, capables d'un vol battu plus actif, à la source de l'énorme diversité des volatiles actuels. Les débuts de cette transformation doivent remonter au moins à la période jurassique, puisque le plus ancien oiseau connu, *Archaeopteryx*, date de la fin de celle-ci, il y a 150 millions d'années. Pendant des dizaines de millions d'années, les oiseaux ont cohabité avec les dinosaures, dont ils étaient issus.

Peu de paléontologues, aujourd'hui, doutent de l'origine dinosaurienne des oiseaux.

En termes d'évolution, il faut logiquement en conclure que les oiseaux ne sont qu'un sous-groupe des dinosaures – ce qui signifie que ces derniers ne se sont pas totalement éteints à la fin du Crétacé. Cette constatation ne doit pas masquer le fait que tous les dinosaures n'appartenant pas à ce sous-groupe que nous nommons « oiseaux » ont bel et bien disparu brutalement il y a 65 millions d'années – la catastrophe survenue à cette époque ne perd rien de son ampleur. Mais il nous faut désormais considérer autrement le destin des dinosaures. Ils n'ont pas vraiment disparu, puisqu'ils ont laissé une descendance, et quelle descendance ! Il existe aujourd'hui environ neuf mille cinq cents espèces d'oiseaux, adaptées aux milieux les plus divers, de l'autruche au colibri et du manchot au rossignol. À cet égard, la réussite des descendants des dinosaures ne fait pas de doute.

Conclusion : l'évolution connaît-elle l'échec ?

Les dinosaures, aujourd'hui, ne peuvent plus nous apparaître comme ces créatures un peu monstrueuses et vouées à la disparition que l'on a longtemps imaginées. Le portrait qu'en dresse aujourd'hui la science paléontologique est tout autre : ils ont connu une longue « radiation évolutive » qui leur a permis de régner sur les continents pendant plus de 150 millions d'années, et s'ils ont été parmi les victimes, il y a 65 millions d'années, d'une catastrophe mondiale d'origine extraterrestre, leurs descendants qui ont conquis les airs, les oiseaux, sont toujours parmi nous dans toute leur extraordinaire diversité. Il est difficile dans ces conditions de parler encore d'un « échec » de l'évolution.

Mais l'évolution peut-elle vraiment connaître des échecs – ou des succès, d'ailleurs ? Ne s'agit-il pas simplement de jugements de valeur portés après coup par une espèce animale, *Homo sapiens*, issue elle-même d'un processus évolutif et qui a trop tendance à juger ainsi en termes d'échec ou de réussite ? C'est là un effet d'une attitude anthropomorphique qui conduit à attribuer une personnalité à des objets, des phénomènes ou des processus qui n'en possèdent évidemment pas. Qu'il s'agisse de la nature, qui serait « en danger », de la planète, qu'il faudrait « sauver », ou encore de la croissance économique, que l'on pourrait « aller chercher », l'illusion est la même. L'**évolution**, nous le savons depuis Darwin, est le jeu de la sélection naturelle agissant sur les variations des êtres vivants. Ce n'est pas une puissance extérieure au monde vivant qui en dirigerait les changements dans un sens ou un autre et à l'occasion s'engagerait dans des voies sans issue, conduisant à l'échec.

Les dinosaures furent ce qu'ils furent, ils nous ont laissé des descendants, les oiseaux, omniprésents sur la planète où nous vivons. Nous pouvons nous attacher à reconstituer leur évolution et leur mode de vie, à faire revivre le monde qui fut le leur – c'est là un champ passionnant de la recherche scienti -fique – mais vouloir juger leur histoire en termes de succès ou d'échec est une entreprise vaine.

Bibliographie

Pour en savoir plus sur les dinosaures en général :
Eric Buffetaut, *Les Dinosaures*, Le Cavalier Bleu, coll. « Idées reçues », 2006.
Pour en savoir plus sur les grandes extinctions, dont celle des dinosaures :
Eric Buffetaut, *La Fin des dinosaures. Comment les grandes extinctions ont façonné le monde vivant*, Fayard, 2003.
Pour en savoir plus sur l'impact météoritique de la fin du Crétacé :
Charles Frankel, *La Mort des dinosaures. L'hypothèse cosmique*, Seuil, 1999.
Pour en savoir plus sur l'origine des oiseaux :
Anne Teyssèdre, *Pourquoi les oiseaux ont-ils des ailes ?*, Le Pommier, coll. « Les Petites Pommes du savoir », 2003.

Table des matières